Rodolfo Alvarez

A linguagem potencial dos buracos negros

AF301044

Rodolfo Alvarez

A linguagem potencial dos buracos negros

Considerações conceptuais, linguísticas e algorítmicas

ScienciaScripts

Imprint

Any brand names and product names mentioned in this book are subject to trademark, brand or patent protection and are trademarks or registered trademarks of their respective holders. The use of brand names, product names, common names, trade names, product descriptions etc. even without a particular marking in this work is in no way to be construed to mean that such names may be regarded as unrestricted in respect of trademark and brand protection legislation and could thus be used by anyone.

Cover image: www.ingimage.com

This book is a translation from the original published under ISBN 978-620-7-80599-0.

Publisher:
Sciencia Scripts
is a trademark of
Dodo Books Indian Ocean Ltd. and OmniScriptum S.R.L publishing group

120 High Road, East Finchley, London, N2 9ED, United Kingdom
Str. Armeneasca 28/1, office 1, Chisinau MD-2012, Republic of Moldova, Europe
Printed at: see last page
ISBN: 978-620-7-95051-5

A linguagem potencial dos buracos negros: considerações conceptuais, linguísticas e algorítmicas

Rodolfo Alvarez

Índice

Introdução

É muito provável que a história do universo tenha começado com o Big Bang, uma explosão de magnitude interestelar que deu origem a planetas, estrelas, galáxias e ao universo tal como o conhecemos. Entre as muitas possibilidades que esta explosão interestelar poderia "criar", os buracos negros são uma peça importante do universo e do que sabemos sobre ele.

Estes objectos astronómicos de especial e intensa investigação científica, têm sido considerados capazes de fazer muitas coisas, desde absorver matéria a transportar para outras dimensões. O nosso foco aqui não é, no entanto, tão extravagante, uma vez que nos vamos concentrar numa hipótese incorporada na estrutura e nos mecanismos internos dos buracos negros: a possibilidade de os buracos negros terem uma linguagem.

Abordamos este tema de forma especulativa, no fundo, mas não sem rigor científico ou fundamentação teórica. Acreditamos que podemos contribuir para os estudos e descobertas futuras em relação aos buracos negros, através de uma exploração em que afirmamos que os buracos negros podem ter uma linguagem, um código linguístico através do qual podem comunicar com outros buracos negros, outros planetas, galáxias ou até mesmo com um Ser Superior, através de um tipo especial de interação que faz fronteira entre o domínio físico e o metafísico.

Parêntesis, mesmo quando os aspectos que se seguem parecem merecer uma atenção especial, não foi considerada, para efeitos desta investigação, qualquer afirmação sobre a dimensão dos buracos negros, nem a ideia de uma dinâmica subjacente do espaço-tempo que condiciona a dinâmica dos buracos negros. A razão para estas omissões é que estas considerações nos levariam para fora do âmbito da linguagem potencial dos buracos negros que estamos a procurar.

Este livro está dividido em dois capítulos. Enquanto o capítulo 1 cobre uma análise preliminar das considerações conceptuais, linguísticas e algorítmicas para o objetivo da nossa busca, o capítulo 2 fará uma meta-análise da análise do capítulo 1. A base para ambas as análises e meta-análises é o artigo de investigação *Black holes hypothetical language: concetual, linguistic and algorithmic considerations*, publicado por mim em 2021.

Capítulo 1: Buracos negros

Este capítulo abordará a análise do artigo *Black holes hypothetical language: concetual, linguistic and algorithmic considerations* (Alvarez, 2021). Este artigo tem um nome semelhante ao deste livro e servirá de base para a sua análise correspondente em ambos os capítulos.

3.1 Considerações conceptuais

A ideia desta secção é discutir o que é um buraco negro em termos de considerações conceptuais através de um método não ortodoxo e especulativo. Este método baseia-se principalmente no conceito de dualidade oração/"oração" (Alvarez 2018, 2019, 2020), que olha para diferentes tipos de fenómenos com um olhar linguístico e cognitivo, tentando ir além disso quando possível.

Neste ponto, começamos a discussão afirmando que serão apresentadas considerações conceptuais sobre os buracos negros. Afirmamos que um método descrito como não ortodoxo e especulativo será usado para discutir o que é um buraco negro. O método utilizado neste caso é baseado no conceito de dualidade oração/"oração" (Alvarez, 2018a, 2018b, 2019, 2020).
A dualidade oração/"oração" é um sistema da mente/cérebro responsável pela oração e por outros fenómenos metafísicos. A ideia de incluir este conceito em relação aos buracos negros é que, através dele, exploraremos a possibilidade de este sistema na mente/cérebro ser capaz de provar que os buracos negros têm uma linguagem e que, portanto, são capazes de comunicar.

Se os buracos negros são o que pensamos que são, então este é o ponto de partida da nossa discussão. Para já, vamos concentrar-nos no conceito em si. Porque é que estamos a fazer isto? Simplesmente para fazer funcionar o conceito de buraco negro numa frase, para fazer uma experiência mental com ele.

Os buracos negros rezam inconscientemente

Neste caso, começamos este parágrafo assumindo que a nossa hipótese inicial sobre o que são os buracos negros é verdadeira. Isto significa que os buracos negros são corpos astronómicos que incluem uma componente metafísica que não pode ser ignorada. No entanto, a ideia é concentrarmo-nos no conceito de buraco negro e nada mais, por enquanto. Isto significa que, neste momento, não nos vamos concentrar nos buracos negros no sentido físico e astrofísico.

No entanto, a única forma de ter sucesso na nossa busca é abordar o conceito de buraco negro de um ponto de vista metafísico, uma vez que uma abordagem puramente linguística não funcionaria suficientemente bem. Como é que isso pode acontecer? Simplesmente colocando o conceito de buraco negro em contexto, numa frase inspirada na obra chomskiana (nomeadamente, a frase "as ideias verdes incolores dormem furiosamente"), inicialmente não semântica e seguindo o padrão-chave "rezar inconscientemente". Assim, a frase em que se insere o conceito de buraco negro é "Os buracos negros rezam inconscientemente".

O que significa que os buracos negros podem ter processos "cognitivos" ligados ao espaço longínquo, metafisicamente falando. A atividade de "oração", neste caso por um buraco negro, pode acontecer sem que o buraco negro tenha uma consciência, no sentido em que entendemos a consciência.

Aqui estabelecemos a possibilidade de que um buraco negro possa ter algum tipo de processamento cognitivo dentro de si mesmo, e em conexão com locais remotos no espaço, mesmo a partir do local onde o buraco negro se encontra. É preciso esclarecer que esta dinâmica, a ser verdadeira, acontece a nível metafísico e não a nível físico ou astrofísico.

No entanto, a atividade de "oração" que mencionamos por um buraco negro, ou seja, os buracos negros que realizam a atividade de "oração", pode envolver processos cognitivos mas não necessariamente uma cognição propriamente dita e, por conseguinte, este tipo de processamento pode não implicar que os buracos negros tenham uma consciência de qualquer tipo, especialmente enquanto objectos individuais.

Em todo o caso, é preciso dizer que esta última consideração tem em conta a nossa compreensão da consciência. Desta forma, aplicar o que sabemos sobre a consciência humana pode não ser o caminho correto a seguir. A questão aqui é que, mesmo que os buracos negros tenham a capacidade de rezar, podem não estar conscientes disso.

Se um buraco negro é capaz de "rezar", podemos especular sobre a natureza e o efeito astronómico desta atividade. Podemos tentar compreender o que acontece dentro de um buraco negro quando esta atividade tem lugar, fisicamente falando.

Aqui começamos o ponto estabelecendo a possibilidade de os buracos negros serem capazes de realizar a atividade da oração. Se isto for verdade, mesmo quando a atividade da oração tem uma natureza metafísica, incluindo para os buracos negros, devemos ter uma mente aberta em relação a isto, uma vez que a natureza e o efeito astronómico desta atividade podem fazer fronteira ou tocar o reino físico.

É por isso que continuamos a ideia com o nosso objetivo de compreender o que acontece dentro de um buraco negro como objeto físico, quando a atividade da oração tem lugar.

Evidentemente, tudo o que se possa inventar em relação à oração de um buraco negro tem um carácter especulativo. Por conseguinte, não é uma prova empírica de investigação futura sobre o assunto. No entanto, uma vez que a natureza e os procedimentos destas especulações são perspicazes, podem constituir a base de futuras investigações a este respeito.

Aqui esclarecemos que, mesmo com a nossa exploração incluindo o domínio físico, o próprio domínio deste esforço de investigação é de natureza metafísica, o que está relacionado com a natureza especulativa deste estudo. Nesse sentido, a metafísica parece andar de mãos dadas com a especulação, o que parece razoável para um objeto tão remoto e altamente desconhecido como um buraco negro.

Assim, também soa completamente razoável afirmar a natureza não empírica deste estudo, o que significa que não funcionará como prova concreta/empírica para futuras investigações sobre os buracos negros. No entanto, dada a natureza perspicaz e os procedimentos deste esforço, as descobertas deste estudo podem ser a base para futuras pesquisas sobre buracos negros, especialmente no que diz respeito à sua dinâmica metafísica, incluindo a sua potencial capacidade de orar, no sentido que tratamos aqui.

Talvez o que acontece dentro de um buraco negro quando está a rezar, a nível físico, tenha a ver com a interação entre a sua natureza física e metafísica, e a sua interação com o recetor dessa oração. Talvez não seja só isso. Dado que o processo concetual de rezar inconscientemente produz informação perspicaz em relação à cognição e à linguagem humanas (Alvarez, 2018, 2019, 2020), pode ser que o nosso sistema cognitivo, que pode incluir o cérebro, tenha subsistemas iguais ou quase iguais a "buracos negros".

Neste ponto, especula-se sobre o que acontece num buraco negro quando este está a rezar, potencialmente falando. Especula-se que a dinâmica que ocorre a este respeito tem a ver com a interação entre a natureza metafísica e física do buraco negro. Além disso, parece haver outra interação que afecta o que acontece no interior do buraco negro, que é a interação potencial entre o buraco negro que reza e o recetor dessa oração. Talvez seja Deus, ou algum tipo de Agente Divino encarregado de mover o universo, e que pode ter desempenhado um papel na origem do universo.

Além disso, apresentamos a possibilidade de o nosso próprio sistema cognitivo humano, incluindo o cérebro, poder ter sistemas iguais ou quase iguais aos buracos negros.

3.2 Aspectos linguísticos dos **buracos** negros

Partindo do princípio que o nosso sistema cognitivo tem um subsistema igual ou quase igual a um buraco negro, podemos assumir que este subsistema está de alguma forma relacionado com a linguagem. Se isso for verdade, pode acontecer porque reflecte a dinâmica de um buraco negro no espaço exterior.

Iniciamos aqui a segunda secção de discussão do artigo, intitulada "Aspectos linguísticos dos buracos negros". O título desta secção foi um passo razoável, uma vez que as considerações linguísticas são uma das dimensões em que a potencial linguagem dos buracos negros é explorada.

Começamos esta secção dando continuidade ao ponto referido no parágrafo anterior, no final da secção anterior, nomeadamente que o nosso sistema cognitivo pode ter algum tipo de relação com o funcionamento e a estrutura dos buracos negros, tanto a nível físico como metafísico. No entanto, este é apenas um ponto de ligação no esquema geral das coisas, uma vez que o tema deste artigo e a análise deste capítulo é a potencial linguagem dos buracos negros de diferentes ângulos, e não os potenciais "buracos negros" que o nosso sistema cognitivo pode ter.

No entanto, continuamos a pensar que a ligação, no caso de o nosso sistema cognitivo ter algum tipo de sistema igual ou quase igual a um buraco negro, pode estar relacionada com a linguagem, embora não saibamos ao certo de que forma isso pode acontecer. Pensamos que, se o ponto anterior for verdadeiro, é porque a dinâmica cognitiva reflecte a dinâmica dos buracos negros, muito distantes no espaço.

Nesta altura, ainda estamos a estabelecer ligações entre a cognição humana e a linguagem potencial de um buraco negro. Continuamos a discussão terminando este ponto de ligação e prosseguindo com o tema principal deste artigo e da análise.

Se o nosso sistema cognitivo tem no seu interior algo igual ou quase igual a um buraco negro, este buraco negro cognitivo pode ter algumas dinâmicas linguísticas a decorrer no seu interior. Os potenciais aspectos linguísticos de um buraco negro cognitivo são, sem dúvida, uma questão interessante, mas o foco da investigação em causa é outro. Neste caso, queremos concentrar-nos na potencial linguagem de um buraco negro no espaço exterior.

Tal como referimos no parágrafo anterior, começamos este parágrafo com a continuação da questão de o nosso sistema cognitivo ter potenciais "buracos negros" no seu interior. Isto é afirmado como um argumento para uma potencial dinâmica linguística no interior do buraco negro do nosso sistema cognitivo. Neste caso, usamos esta especulação de ligação para nos concentrarmos no tema do artigo em análise, que é a potencial linguagem dos buracos negros astronómicos.

Agora é altura de trabalhar numa amostra semelhante à anterior mas, neste caso, vamos concentrar-nos na linguagem potencial de um buraco negro. Esta linguagem funcionará em conjunto com o conceito de "rezar inconscientemente". A frase de que precisamos é:

A linguagem potencial dos buracos negros reza inconscientemente

Nesta altura da discussão, precisamos de uma amostra semelhante a "os buracos negros rezam inconscientemente" para iniciar as explorações metafísicas. No entanto, neste caso, precisamos que o exemplo se centre na linguagem potencial dos buracos negros e não apenas nos buracos negros como um todo. Podemos fazê-lo aplicando uma pequena modificação à frase original. Assim, a frase resultante a ser explorada em termos metafísicos é "A linguagem potencial dos buracos negros reza inconscientemente".

O que significa que não há certezas quanto à existência de uma linguagem real através da qual um buraco negro comunica. No entanto, como existe algo que reza inconscientemente, a linguagem de um buraco negro é "real" em termos conceptuais, ou potenciais. O ponto anterior sugere o seguinte: os buracos negros têm uma linguagem potencial ou hipotética através da qual comunicam com outros objectos no espaço exterior. No entanto, como referimos, não há qualquer indício de que um buraco negro tenha consciência ou algo remotamente semelhante.

Se exprimirmos o sintagma nominal da frase inicial como "A potencial linguagem dos buracos negros", prestando especial atenção à palavra "potencial", deduzimos o seguinte: não podemos saber com certeza se um buraco negro tem uma linguagem através da qual possa comunicar, no sentido das línguas tal como as conhecemos.

No entanto, como há certamente algo a realizar a atividade de oração (inconscientemente, neste caso), isto obriga-nos a assumir que a linguagem de um buraco negro é "real", mas em termos que podem ser potenciais ou hipotéticos. Por conseguinte, um buraco negro pode realmente ter uma linguagem através da qual comunica com outros buracos negros ou outros objectos astronómicos. No entanto, a própria natureza física e metafísica desta linguagem pode ser hipotética/potencial. Deste modo, o estado hipotético/potencial da linguagem de um buraco negro já não é um passo teoricamente provisório, mas a própria composição física e metafísica da linguagem de um buraco negro, e a sua existência pode deixar de ser potencial. Por isso, assumimos que os buracos negros têm uma linguagem com as caraterísticas acima mencionadas. No entanto, é preciso dizer que se estes conhecimentos nos levam a alguma coisa, não é para concluir que os buracos negros têm algum tipo de consciência, ou algo remotamente semelhante à consciência tal como a entendemos.

Além disso, como a linguagem de um buraco negro é potencial, podemos abordar este problema científico de um ponto de vista hipotético, o que significa que a linguagem potencial de um buraco negro existe no domínio da realidade potencial, se tal coisa existir ou puder ser designada dessa forma. Partindo do princípio de que o ponto anterior é verdadeiro, podemos começar a trabalhar nas ideias básicas do que poderá ser a linguagem de um buraco negro. A próxima secção desenvolverá essa ideia através de um algoritmo.

Aqui reforçamos o ponto apresentado alguns parágrafos acima, começando por afirmar que a linguagem de um buraco negro é potencial. Depois disso, formamos a ideia de que a linguagem dos buracos negros existe no domínio da possibilidade, ou seja, da realidade potencial. Como dissemos, este ponto já tinha sido afirmado com algum grau de equivalência. No entanto, tínhamos inicialmente conceptualizado a capacidade de comunicação dos buracos negros como sendo de natureza hipotética/potencial. Neste caso, vamos um pouco mais longe, afirmando que a linguagem potencial de um buraco negro é real no domínio do potencial.

Estes dois pontos podem parecer a mesma coisa ou quase a mesma coisa. No entanto, a diferença é que o segundo ponto integra o sistema de comunicação especial do buraco negro num reino ou dimensão de possibilidade, enquanto o primeiro não o faz. Como referimos, neste segundo ponto o domínio da realidade potencial a que nos referimos é identificado como algo que pode existir ou não, e a forma como o nomeamos pode ser o seu nome natural/correto/preciso ou não. Para terminar este ponto e secção, introduzimos a parte seguinte do artigo em análise, que tem a ver com considerações algorítmicas sobre a linguagem potencial dos buracos negros, ou como ela pode ser.

3.3 Automatização da escrita científica aplicada à linguagem potencial dos buracos negros

Se aplicarmos um algoritmo de um tipo especial à discussão, podemos pensar em SWA, ou seja, Scientific Writing Automation (Alley, 2013; Alvarez, 2019; Brown, 2012; Chikuni & Khan, 2008; D'Alleva, 2005; MacArthur *et. al.*, 2008; Peat *et. al.*, 2013; Wingersky et. al., 2008). Antes mesmo de explicar, em termos gerais, como este algoritmo irá gerar ideias em relação à potencial linguagem dos buracos negros, é necessário referir que o algoritmo já funciona no momento de escrita desta secção, que produz fenómenos interessantes no domínio da escrita e da leitura (Alley, 2013; Alvarez, 2019; Brown, 2012; Chikuni & Khan, 2008; D'Alleva, 2005; MacArthur *et. al.*, 2008; Peat *et. al.*, 2013; Wingersky et. al., 2008).

Nesta secção, descrevemos a aplicação de um algoritmo para uma compreensão mais profunda da linguagem potencial dos buracos negros. A ideia deste algoritmo é a sua capacidade de gerar ideias sobre o próprio tema da linguagem potencial dos buracos negros. No entanto, o seu funcionamento é diferente de outros algoritmos que possamos conhecer ou que possamos pensar. Neste caso, o próprio conteúdo gerado pelo algoritmo baseia-se na dinâmica de escrita subjacente ao que se lê *sobre o* algoritmo aplicado ao tópico mencionado em particular, e a um conjunto alargado de tópicos em geral. Na altura em que o artigo em análise foi escrito e publicado, o algoritmo era designado por SWA ou Scientific Writing Automation (Alley, 2013; Alvarez, 2019; Brown, 2012; Chikuni & Khan, 2008; D'Alleva, 2005; MacArthur *et. al.*, 2008; Peat *et. al.*, 2013; Wingersky et. al., 2008).

No entanto, o objetivo da secção deste artigo é fornecer informações sobre a linguagem potencial (ou hipotética) de um buraco negro, tal como mencionámos. Para isso, temos de nos concentrar no SWA e deixá-lo trabalhar para ver que ideias em relação a este tópico é capaz de gerar. Em primeiro lugar, um algoritmo desta natureza vai sugerir um potencial algoritmo gerador da linguagem de um buraco negro. Como é que este algoritmo linguístico funciona? Tentaremos responder a esta pergunta nos parágrafos seguintes.

Pouco a pouco, começamos a concentrar-nos no próprio algoritmo e na forma como este produz ideias relacionadas com a linguagem potencial de um buraco negro. O primeiro passo, como já referimos, é centrarmo-nos no próprio algoritmo e depois observarmos como ele gera ideias sobre o tema em questão. No entanto, é preciso notar que o algoritmo já tinha começado a funcionar desde o início da secção que está a ser analisada. O resto são apenas derivações consecutivas do algoritmo que está a ser aplicado para gerar ideias sobre o tema. Por isso, é interessante ver que o algoritmo, já a funcionar, menciona estas considerações.

Depois, o algoritmo, com uma observação (ou "observação") autorreferencial subjacente, diz que um algoritmo da natureza sugerida irá, por sua vez, sugerir um potencial algoritmo capaz de gerar a linguagem de um buraco negro. Depois, a pergunta produzida pelo algoritmo é como funciona este segundo algoritmo. Finalmente, a ideia é concluída para introduzir o parágrafo seguinte, com o objetivo de fornecer os aspectos específicos do que foi apresentado.

Talvez o algoritmo que tentamos decifrar, neste caso, possa produzir a "cognição" de um buraco negro, ligada à sua capacidade linguística. Se um buraco negro é capaz de "rezar inconscientemente", este algoritmo pode estar a produzir essa capacidade. No entanto, isto não aconteceria num sentido racionalista, se compararmos com algumas linhas de investigação que enfatizam o racionalismo na linguagem humana, por exemplo a análise linguística chomskiana.

Aqui começamos a ideia mencionando o algoritmo, potencial neste caso, encarregado de gerar a linguagem de um buraco negro. Como extensão da especulação, apresentamos a especulação de que este algoritmo pode gerar algum tipo de cognição como o sistema central de um buraco negro, ligado à sua capacidade (ou faculdade) linguística.

No entanto, também afirmamos que este mecanismo não tem uma natureza racionalista e, portanto, pode não estar dentro do âmbito ou mesmo do alcance parcial de uma análise racional. Nesse sentido, pode também estar fora do domínio racional. É importante estabelecer a diferença entre a abordagem que adoptamos neste caso e, por exemplo, a abordagem chomskiana à linguística e ao estudo e análise da língua.

De certa forma, aquilo em que nos concentramos aqui pode misturar-se com um potencial "algoritmo" para produzir linguagem humana na linha da dualidade oração/"oração". No entanto, uma vez que isto foi mencionado, temos de voltar ao foco de um buraco negro e de como a sua potencial linguagem pode ser produzida por um algoritmo, da forma como estamos a explicar.

Nesta altura, apercebemo-nos que todas estas ideias podem contribuir para a noção de que um potencial algoritmo de algum tipo pode gerar a linguagem humana. Esta consideração insere-se no domínio da linha de investigação da Dualidade Oração/"Oração". De certa forma, isto é apenas um parêntesis, uma vez que o que interessa para o objetivo do artigo em análise e desta publicação são, entre outras coisas, os buracos negros e o potencial algoritmo que pode estar a produzir a sua linguagem e a sua capacidade de comunicar.

Aqui o algoritmo continua a formular ideias sobre o tema em questão. Especificamente, o parágrafo começa por situar o algoritmo que produz a linguagem potencial de um buraco negro, no interior de uma dualidade oração/"oração" no interior do buraco negro, por sua vez. Uma dualidade oração/"oração" é, pelo menos na cognição humana, um sistema cognitivo encarregado da oração e de outras actividades metafísicas de natureza misteriosa.

Esclarece-se que esta dualidade oração/"oração" não é um algoritmo em si, mas sim um mecanismo. Este mecanismo, detentor de uma dinâmica especial, pode permitir que os buracos negros "rezem" (ou apenas rezem), neste caso a um Agente Divino ou a uma Inteligência Suprema, embora isto seja especulação.

Além disso, este sistema de dualidade oração/"oração" pode permitir que os buracos negros tenham processos de comunicação interna dentro de cada um deles, comunicação interactiva com outros buracos negros (metafísicos muito provavelmente e ao alcance do estudo linguístico), e/ou outros objectos ou áreas no espaço exterior, como uma galáxia, um planeta, etc., potencialmente falando.

[LA]BH

Aqui alargamos a análise e tornamo-la mais específica no que diz respeito ao facto de a dualidade oração/"oração" dentro do buraco negro ser um mecanismo e não um algoritmo. Neste caso, o algoritmo da Automatização da Escrita Científica insiste na ideia de que este sistema de dualidade contém um sistema algorítmico no seu interior, encarregado de produzir a linguagem potencial do buraco negro no qual o algoritmo está contido, como referimos anteriormente.

Assim, a ideia mantém-se e a melhor forma de abordar o puzzle é isolando o algoritmo e identificando-o como objeto de estudo, nomeadamente através da expressão algébrica [LA]BH (Algoritmo Linguístico de um Buraco Negro, em termos mais simples).

onde LA significa algoritmo linguístico e BH significa buraco negro. Neste ponto da discussão, podemos voltar a aplicar o algoritmo SWA, neste caso ao algoritmo [LA]BH. É o que faremos na secção seguinte, para aprofundar os conhecimentos sobre este algoritmo linguístico num buraco negro.

Começamos este último parágrafo da secção esclarecendo o que significa cada parte da expressão algébrica apresentada (embora no parágrafo de análise anterior já o tenhamos feito como um todo). Em termos simples, LA significa algoritmo linguístico e BH significa buraco negro.

Como já foi dito, estamos numa fase da discussão em que podemos aplicar o algoritmo Automação da Escrita Científica ao algoritmo [LA]BH, para ver que ideias o primeiro algoritmo pode gerar sobre o segundo algoritmo. Tudo isto com o objetivo de aprofundar o conhecimento e a compreensão do algoritmo linguístico contido num buraco negro.

3.3.1 Automatização da escrita científica aplicada ao [LA]BH

Agora que encontrámos uma representação algébrica para trabalhar, neste caso o algoritmo linguístico dentro de um buraco negro, podemos aplicar-lhe o algoritmo SWA, para ver que ideias e percepções o primeiro pode gerar sobre o segundo.

Começamos aqui a secção sobre o SWA aplicado ao [LA]BH, com a afirmação lógica de que o primeiro será ou está a ser aplicado ao segundo para ver que ideias podem ser geradas, ou seja, um algoritmo gera ideias sobre outro.

No entanto, antes de continuar, devemos ter em conta que este algoritmo está localizado na dualidade oração/"oração" dentro do buraco negro. Nesse caso, antes de trabalhar no [LA]BH propriamente dito, deveríamos pelo menos representar primeiro este tipo especial de dualidade em termos algébricos, e a partir daí ver o que acontece. Por exemplo:

$$d_{p/"p"}$$

Aqui afirmamos mais uma vez que o algoritmo (linguístico, neste caso) de que estamos a tratar está contido no sistema de dualidade oração/"oração", por sua vez dentro de um buraco negro. O próximo passo é representar o sistema de dualidade oração/"oração" em termos algébricos, tal como fizemos com o algoritmo linguístico de um buraco negro. Fizemo-lo com o objetivo de isolar este sistema e de o identificar como objeto de estudo, para melhor o analisar, tal como o algoritmo linguístico de um buraco negro representado por [LA]BH.

É importante lembrar que, mesmo quando parecemos estar fora do âmbito do SWA, continuamos a fazer parte dele, uma vez que este algoritmo é capaz de gerar informação "fora da caixa". Até agora, concentrámo-nos nas representações linguísticas do algoritmo [LA]BH. No entanto, não nos debruçámos sobre o mecanismo interno do próprio algoritmo, porque o algoritmo SWA ainda não o permitia. Parece que agora o podemos fazer. Para isso, vamos propor um modelo e, por agora, vamos assumi-lo como verdadeiro, uma vez que não existem ideias alternativas até ao momento.

Aqui fazemos uma observação importante, como referimos, para lembrar que o SWA está sempre presente na leitura/escrita do artigo em análise, que está sempre sob a alçada do algoritmo. A pertinência da observação assenta na capacidade de o algoritmo produzir informação fora da caixa e, por isso, altamente relevante e nova.

Mencionamos também que até agora nos concentramos na representação linguística do algoritmo [LA]BH, ou seja, na representação/expressão algébrica do mesmo e não necessariamente numa representação de tipo mais abstrato. O objetivo de mencionar este foco inicial é concentrarmo-nos agora no funcionamento do [LA]BH, especificamente no seu mecanismo interno.

Referimos ainda que o algoritmo SWA não permitiu que se prestasse atenção à questão anteriormente referida, no processo de leitura/escrita do artigo em análise. No entanto, é evidente que SWA permitiu, pelo menos, mencioná-la. Portanto, depois de SWA permitir isso, podemos dizer que estamos a propor um modelo que representa o mecanismo interno do algoritmo [LA]BH num buraco negro. Observamos também que não existem ideias alternativas a esta e, por isso, será prático assumir que o modelo a apresentar é verdadeiro.

Propomos um tipo especial de dualidade oração/"oração" (dp/"p") dentro de um buraco negro, que gera o algoritmo [LA]BH, que por sua vez produz as expressões linguísticas que um buraco negro pode gerar. A gramática do [LA]BH pode ser um tema de investigação interessante. No entanto, dada a fase inicial desta linha, não nos podemos pronunciar sobre o assunto.

Propomos aqui o modelo/mecanismo envolvido no funcionamento do algoritmo [LA]BH. Situamos esse algoritmo num tipo especial de dualidade oração/"oração", diferente daquela presente no sistema cognitivo dos seres humanos, e mais adequada ao funcionamento e estrutura de um buraco negro.

Propomos que esta dualidade oração/"oração" do buraco negro gere o algoritmo [LA]BH. Por sua vez, este algoritmo produz a linguagem que um buraco negro pode gerar para conseguir uma comunicação metafísica. Este mecanismo determina, potencialmente, a capacidade de os buracos negros comunicarem com a linguagem e, potencialmente, de possuírem uma faculdade linguística de um tipo especial.

Mencionamos também que a gramática do algoritmo [LA]BH pode ser também um tema de investigação interessante. No entanto, dado o estado inicial desta linha de investigação, não é possível dizer mais nada sobre esse assunto específico, uma vez que, se o tentássemos, não haveria qualquer base teórica para apoiar as ideias.

4 Conclusão

Neste artigo explorámos a linguagem potencial de um buraco negro. Fizemo-lo através de considerações conceptuais e linguísticas, e da aplicação de um algoritmo para gerar informação sobre a linguagem potencial de um buraco negro. No final, pudemos propor uma ideia em que a dualidade oração/"oração" de um buraco negro e o algoritmo linguístico de um buraco negro estão envolvidos. A gramática do algoritmo linguístico mencionado está ainda em aberto para investigação futura.

Concluímos aqui a secção de discussão do artigo em análise e, por conseguinte, o próprio capítulo. Como referimos, explorámos a potencial linguagem de um buraco negro através de três perspectivas complementares, nomeadamente considerações conceptuais, linguísticas e algorítmicas.

Na discussão em análise, foi possível chegar a algumas ideias e a algumas perspectivas especiais sobre o mecanismo de um buraco negro que envolve um tipo especial de dualidade oração/"oração" e um algoritmo linguístico, permitindo-lhe comunicar com outros buracos negros e objectos astronómicos, metafisicamente e, provavelmente, também de uma forma parcialmente física. A questão de um algoritmo linguístico de um buraco negro que contenha uma gramática é ainda um tópico que pode ser objeto de investigação futura.

Capítulo 2: Meta-análise

Neste capítulo, vamos passar em revista a análise abordada no capítulo 1, para depois a analisarmos por sua vez. É por isso que o nome deste capítulo é *meta-análise*. Passaremos pelas considerações conceptuais, linguísticas e algorítmicas, tal como fizemos no capítulo 1 e no artigo original.

2.1 Considerações conceptuais

Neste ponto, começamos a discussão afirmando que serão apresentadas considerações conceptuais sobre os buracos negros. Afirmamos que será utilizado um método descrito como não ortodoxo e especulativo para discutir o que é um buraco negro. O método utilizado neste caso é baseado no conceito de dualidade oração/"oração" (Alvarez, 2018a, 2018b, 2019, 2020).

O artigo em análise abrange três aspectos ou áreas de consideração em relação à potencial linguagem dos buracos negros, nomeadamente concetual, linguística e algorítmica. O que será abordado nesta parte da análise é o número um, ou seja, as considerações conceptuais. Quando nos concentramos em considerações conceptuais e lhes podemos dar esse nome, podemos ter a certeza de que as considerações dessa natureza estarão livres de uma mera análise da expressão "buraco negro". Do mesmo modo, as considerações conceptuais não terão em conta considerações físicas ou estruturais no domínio físico.

Mencionamos também que o método que vamos utilizar para a análise concetual dos buracos negros é pouco ortodoxo. A própria palavra "pouco ortodoxo" implica imagens mentais relacionadas com o atípico, o original, o diferente, etc. Quando utilizamos esta palavra para descrever um método, um método científico, podemos ter a certeza de que não se enquadrará facilmente nas categorias do método científico a que estamos habituados. No entanto, podemos confiar na sua validade e fiabilidade, num meio lógico-dedutivo de apresentação e estrutura interna.

No que diz respeito ao método em si, este tem uma natureza metafísica e baseia-se no conceito de dualidade oração/"oração", especificamente na noção/conceito de oração. Descobriu-se que a dualidade oração/"oração" é um módulo dentro da mente/cérebro, responsável por actividades como a oração e outras actividades cognitivas

de natureza misteriosa (Alvarez, 2018b, 2019, 2020). O conceito/noção
de oração, neste caso, do qual deriva a descoberta desta dualidade, é
fundamental para a descoberta de uma hipotética linguagem dentro de um
buraco negro. Estes aspectos são centrais para a exploração linguística de
um possível sistema de comunicação dentro de buracos negros.

A dualidade oração/"oração" é um sistema da mente/cérebro responsável pela oração e por
outros fenómenos metafísicos. A ideia de incluir este conceito em relação aos buracos negros é que,
através dele, exploraremos a possibilidade de este sistema na mente/cérebro ser capaz de provar que os
buracos negros têm uma linguagem e que, portanto, são capazes de comunicar.

Começámos esta análise por definir o que é realmente a dualidade
oração/"oração", em termos específicos. Neste caso, tomamos a
noção chomskiana de mente/cérebro para nos referirmos ao sistema
cognitivo, mas tomando também a dimensão neurológica do mesmo
(Chomsky, 1995). Mencionamos que este sistema na mente/cérebro é
responsável ou controla as operações relativas a actividades cognitivas
como a oração (de onde vem o nome do sistema) e também outros
fenómenos metafísicos em que a comunicação entre humanos tem uma
natureza misteriosa.

A novidade desta ideia é especular que este sistema pode estar
presente não só nos seres humanos, mas também nos buracos negros. De
certa forma, pretendemos estabelecer que os buracos negros têm uma
espécie de sistema "cognitivo" que lhes permite, de certa forma, realizar a
atividade de comunicação. E é por isso que o nosso objetivo é encontrar a
linguagem ou a linguagem potencial, através da qual esta comunicação de
natureza misteriosa possa ter lugar.

Neste caso, começamos este parágrafo assumindo que a nossa hipótese inicial sobre o que são
os buracos negros é verdadeira. Isto significa que os buracos negros são corpos astronómicos que
incluem uma componente metafísica que não pode ser ignorada. No entanto, a ideia é concentrarmo-
nos no conceito de buraco negro e nada mais, por enquanto. Isto significa que, neste momento, não nos
vamos concentrar nos buracos negros no sentido físico e astrofísico.

Aqui começamos a subanálise com o pressuposto de que o nosso
preconceito ou hipótese do que é um buraco negro é verdadeiro no
sentido da realidade objetiva. Isto leva-nos a afirmar que um buraco
negro é um corpo astronómico com uma componente física mas também
metafísica. É importante referir que este último aspeto, nomeadamente a
componente metafísica de um buraco negro, não pode ser ignorado. Para
o objetivo da nossa investigação, os aspectos metafísicos dos buracos

negros são especialmente importantes, uma vez que são uma das áreas a serem abordadas e analisadas neste livro. No entanto, estamos certos de que também têm uma relevância própria e que merecem atenção, estudo e análise. O foco desta investigação são os buracos negros e apenas os buracos negros, pelo que não nos centraremos noutros corpos astronómicos. Pararelamente, não nos centraremos nos aspectos físicos ou astrofísicos dos buracos negros, mas apenas nos aspectos conceptuais. Isto levar-nos-á a um enfoque especial nos aspectos metafísicos desta classe de corpos astronómicos, que é um dos principais pilares desta investigação.

No entanto, a única forma de ter sucesso na nossa busca é abordar o conceito de buraco negro de um ponto de vista metafísico, uma vez que uma abordagem puramente linguística não funcionaria suficientemente bem. Como é que isso pode acontecer? Simplesmente colocando o conceito de buraco negro em contexto, numa frase inspirada na obra chomskiana (nomeadamente, a frase "as ideias verdes incolores dormem furiosamente"), inicialmente não semântica e seguindo o padrão-chave "rezar inconscientemente". Assim, a frase em que se insere o conceito de buraco negro é "Os buracos negros rezam inconscientemente".

Referimo-nos aqui ao artigo original, no qual apresentamos a frase gramatical e ainda não semântica "os buracos negros rezam inconscientemente" como prova da natureza metafísica dos buracos negros, parcialmente falando. Isto faz parte de toda uma linha de investigação em que a palavra "oração" é usada numa frase gramatical e não semântica como passo inicial para provar o que foi mencionado.

Embora, à primeira vista, uma análise com uma frase deste género, mesmo com uma palavra como "oração", pareça estar apenas no domínio da análise linguística, a verdade é que temos de abordar a exploração numa perspetiva metafísica. A linguística, por si só, não dará conta de forma exaustiva do que tentamos explorar, pelo que é necessária a frase que mencionámos para contextualizar gramaticalmente o conceito de oração, de modo a ultrapassar os limites da linguística e poder chegar a uma análise metafísica, em parte.

De certa forma, este é um método que pode funcionar, e de facto *tem funcionado* para muitos outros aspectos do mundo que podem ser resumidos numa breve expressão, neste caso os buracos negros. O método consiste em criar uma frase em que o aspeto que queremos explorar e a expressão "rezar inconscientemente" sejam incluídos, por esta ordem e com correção gramatical (Alvarez, 2018b).

Aqui estabelecemos a possibilidade de que um buraco negro possa ter algum tipo de processamento cognitivo dentro de si mesmo, e em conexão com locais remotos no espaço, mesmo a partir do local onde o buraco negro se encontra. É preciso esclarecer que esta dinâmica, a ser verdadeira, acontece ao nível metafísico e não ao nível físico ou astrofísico.

Na mesma linha de pensamento, ao afirmarmos a frase "os buracos negros rezam inconscientemente", transmitimos que os buracos negros podem ter processos   cognitivos no seu interior, capazes de funcionar dentro de um buraco negro, mas também de se ligarem a outros locais no espaço exterior, mesmo que estes estejam longe do buraco negro. Em todo o caso, se esta dinâmica for verdadeira, é-o a nível metafísico, mas não no domínio da realidade física ou astrofísica.

Esta ideia de que a realidade   metafísica partilha espaço com a realidade física e astrofísica é um dos fundamentos desta investigação. De certa forma, os buracos negros e potencialmente outros objectos ou áreas no espaço exterior têm uma natureza metafísica e (astro)física, paralela à dualidade potencialmente metafísica e física que podemos encontrar na mente/cérebro.

No entanto, como já foi referido, o potencial processamento cognitivo que tem lugar nos buracos negros ocorre no domínio metafísico e não no físico ou astrofísico. No entanto, a natureza física e astrofísica dos buracos negros continua a ser uma possibilidade válida, uma vez que os seus potenciais processos cognitivos no domínio metafísico são uma questão cognitiva e não física.

No entanto, a atividade de "oração" que referimos por um buraco negro, ou seja, os buracos negros que realizam a atividade de "oração", pode envolver processos cognitivos mas não necessariamente uma cognição propriamente dita e, por conseguinte, este tipo de processamento pode não implicar que os buracos negros tenham uma consciência de qualquer tipo, especialmente enquanto objectos individuais.

Aqui mencionamos a possibilidade de os buracos negros terem a capacidade de rezar (ou "rezar"), ou a capacidade de realizar a atividade de rezar. Isto pode envolver a possibilidade de os buracos negros terem processos cognitivos, que já foi mencionada em parágrafos anteriores. No entanto, o facto de os buracos negros terem processos cognitivos não significa que tenham uma consciência ou algum tipo de consciência, no sentido humano da palavra, especialmente se considerarmos os buracos negros como objectos individuais.

Se um buraco negro tem a capacidade de rezar por essa matéria, e tem processos cognitivos para essa função, então a forma como realiza essa atividade pode ser semelhante àquilo a que Descartes chamou "oração silenciosa", ou seja, a oração com uma componente cognitiva e sem se exteriorizar de alguma forma audível (Rubidge, 1990).

Também não vemos os buracos negros como tendo uma mente semelhante à dos humanos, com uma consciência, pensamentos ou sentimentos. Em vez disso, qualquer forma de atividade de oração ou comunicação   misteriosa que ocorra dentro de um buraco negro seguirá o espírito do conhecimento astrofísico que temos até agora, juntamente com as leis da física e a nossa compreensão da estrutura astrofísica dos objectos espaciais.

Aqui referimos o que já foi salientado em parágrafos anteriores. A questão de os buracos negros não terem consciência, no sentido de consciência tal como a conhecemos, baseia-se na compreensão que temos deste fenómeno na experiência e investigação   humanas. No entanto, qualquer que seja o significado que atribuamos a um termo como "consciência" no que diz respeito aos buracos negros, tem de ser automaticamente descartado, uma vez que acreditamos que os buracos negros e outros objectos astronómicos também não têm as condições estruturais para serem realmente "conscientes" de si próprios e do universo exterior que os rodeia.

Mesmo que os buracos negros sejam capazes de rezar, a capacidade de realizar essa atividade não deve estar no domínio da consciência. No entanto, pode estar a ocorrer   algum tipo de oração inconsciente dentro de um buraco negro, e é por isso que a frase de exemplo inicial de toda a análise contém o conceito de rezar inconscientemente.

Neste ponto da discussão, já considerámos a potencial ligação entre a oração e os buracos negros. Ora, já estabelecemos a possibilidade de os buracos negros serem capazes de rezar, num grau de consciência nulo ou quase nulo.

Discutimos a questão de que, sendo o conceito de oração uma prova de que esta atividade de oração tem lugar no domínio metafísico, temos de considerar outras possibilidades. Existe a possibilidade de termos de alargar o âmbito potencial do reino em que a atividade de oração dos buracos negros tem lugar.

Talvez a atividade de oração realizada pelos buracos negros não ocorra apenas no domínio metafísico. Dada a natureza perspicaz do conceito de oração para chegar a análises e conclusões profundas numa grande variedade de áreas científicas, não é estranho considerar outras possibilidades. Essas outras possibilidades podem ser que a atividade de oração dos buracos negros envolva também o domínio físico e não apenas o metafísico.

Isto pode ter consequências para a nossa compreensão dos buracos negros a partir de agora. Mesmo quando os buracos negros podem ser capazes de rezar com um nível nulo ou mínimo de consciência (ou "consciência"), a questão é que esta atividade pode ter consequências ou efeitos no universo circundante dos buracos negros, no domínio físico e astrofísico também, afectando objectos e áreas espaciais através deste tipo especial de atividade, a oração neste caso.

Para além disso, é apenas uma questão de considerações entre o físico e o metafísico. Se tomarmos como exemplo algo como a mente/cérebro, podemos ver alguma da dualidade visível/invisível, por assim dizer, que pode estar a ocorrer em objectos e espaços. É claro que tomamos estas ideias apenas no sentido nocional, uma vez que tocam mas não estão totalmente relacionadas com esta investigação.

É por isso que continuamos a ideia com o nosso objetivo de compreender o que acontece dentro de um buraco negro como objeto físico, quando a atividade da oração tem lugar.

Aqui apresentamos o próximo objetivo da discussão, que é obter uma visão da atividade da oração através de um buraco negro. No entanto, agora a ideia é tomar um buraco negro como um objeto físico ou astrofísico, no qual a atividade da oração tem lugar, potencialmente falando. No entanto, a natureza da atividade da oração será, ainda assim, considerada metafísica, independentemente da forma física ou metafísica como abordamos a exploração dos buracos negros.

No entanto, para termos uma ideia clara do que os próximos parágrafos irão tratar, consideramos o domínio físico dos buracos negros no contexto e para efeitos da nossa investigação, mas mais tarde abandonamos este caminho teórico por razões práticas e teóricas, e voltamos à abordagem metafísica desta investigação.

Embora o nosso objetivo provisório para os próximos passos da nossa análise fosse centrarmo-nos nos aspectos físicos de um buraco negro e na forma como se relacionam com os conceitos da nossa investigação, achámos que era necessário voltar a um dos conceitos globais desta investigação, nomeadamente o domínio metafísico que inclui os buracos negros e o conceito de oração.

Por conseguinte, por muito necessário que tenha parecido, num dado momento, um olhar sobre os aspectos físicos e astrofísicos dos buracos negros, é igualmente necessário voltar a centrarmo-nos no domínio metafísico, que parece ser compatível e acompanhar o tipo de investigação especulativa que estamos a realizar.

A especulação, nesse sentido, não é desprovida de fundamento. Um conceito de pesquisa e de fundação tão poderoso e perspicaz como a ideia de oração, provou ser uma base adequada para a investigação de uma vasta gama de fenómenos científicos. No entanto, a análise de fenómenos nestas condições e com estas ferramentas não pode ser provada empiricamente, especialmente com objectos tão remotos, de propriedade desconhecida e de grande alcance como são os buracos negros.

É preciso dizer, no entanto, que a combinação entre uma abordagem metafísica e a especulação pode ser uma grande fórmula, se quisermos fazer uma análise perspicaz, neste caso sobre a linguagem potencial dos buracos negros, tendo em conta considerações conceptuais, como faz esta secção.

Aqui continuamos com a ideia de que, dado que a metodologia utilizada nesta investigação não é de base empírica, as conclusões a que pode chegar não podem ser tomadas como provas concretas/empíricas em relação aos buracos negros. No entanto, é preciso dizer que, apesar de a metodologia utilizada não ser empírica, ela é válida, dado o procedimento científico através do qual foi efectuada, baseado principalmente numa abordagem lógico-dedutiva, com espaço para insights e observações metafísicas.

Como referimos, os procedimentos perspicazes e lógico-dedutivos envolvidos nesta investigação permitem que ela seja uma base potencial para futuras investigações no domínio dos buracos negros, incluindo a sua capacidade de rezar como ponto de partida da sua dinâmica metafísica. Em geral, toda a dinâmica metafísica dentro e para outros objectos e áreas no espaço a partir de buracos negros está envolvida nestas considerações. Por muito não empírica que esta investigação possa ser, a sua validade pode ser tão forte ou, pelo menos, tão certa como a prova empírica e os dados concretos.

Neste ponto, especula-se sobre o que acontece num buraco negro quando este está a rezar, potencialmente falando. Especula-se que a dinâmica que ocorre a este respeito tem a ver com a interação entre a natureza metafísica e física do buraco negro.

O parágrafo do artigo original de onde provém este extrato de análise aponta como primeiro ponto a própria atividade de oração realizada por um buraco negro. A questão aqui é especular sobre a dinâmica que se passa no interior de um buraco negro no momento em que realiza a atividade misteriosa anteriormente referida, neste caso a oração.

A primeira especulação ou perceção, neste caso, começa por enquadrar a estrutura destas especulações numa potencial interação entre a natureza metafísica e física de um buraco negro. Estes aspectos ou componentes opostos de um buraco negro podem não ser sistemas isolados, mas podem interagir e é provável que esta dinâmica permita que o buraco negro exista, em primeiro lugar, e, em segundo lugar, que exista como um todo, sem fragmentação ao nível físico/metafísico.

Quando analisamos o que pode acontecer dentro de um sistema que realiza a atividade de oração, neste caso um buraco negro, estamos certamente a olhar para ele como um sistema autónomo. No entanto, esta consideração provisória só tem a ver com determinados critérios de análise, sendo um deles a descontextualização. Quando queremos analisar o que pode acontecer dentro de um buraco negro enquanto realizamos a atividade da oração, isolamos o conceito de buraco negro para o analisar mais eficazmente neste caso. Este processo de análise não altera a nossa perceção do que estudamos durante o processo de estudo, assim como não altera a estrutura ou o estado do buraco negro. Estas considerações são estruturais para o objetivo desta investigação, os pilares do esforço como um todo.

Além disso, parece haver outra interação que afecta o que acontece no interior do buraco negro, que é a potencial interação entre o buraco negro que reza e o recetor dessa oração. Talvez seja Deus, ou algum tipo de Agente Divino encarregado de mover o universo, e que pode ter desempenhado um papel na origem do universo. Para além disso, apresentamos a possibilidade de o nosso sistema cognitivo humano, incluindo o cérebro, poder ter sistemas iguais ou quase iguais aos buracos negros.

Aqui apontamos para outro tipo de interação que afecta o que pode estar a acontecer dentro de um buraco negro, paralela à interação entre a sua componente metafísica e física. A interação de que falamos, neste caso, tem a ver com a potencial comunicação de orações entre um buraco negro e a entidade a quem a oração é dirigida.

Especulamos que a entidade ou ser que recebe a mensagem na oração potencial de um buraco negro, pode ser Deus tal como o conhecemos ou talvez seja um Agente Divino de algum tipo, uma Inteligência com uma natureza misteriosa, que mantém e move o universo. É provável que este ser possa ter desempenhado um papel na origem do universo, como já mencionámos.

Até agora, passámos em revista os tipos fundamentais de dinâmica que um buraco negro pode ter enquanto realiza a atividade da oração, nomeadamente e como já foi referido, a dinâmica interna dentro de si próprio e a potencial interação entre o seu reino metafísico e físico, em primeiro lugar. Em segundo lugar, mencionámos a interação entre um buraco negro e algo que pode ser Deus, enquanto o buraco negro realiza a atividade de oração, dirigida a esse Ser de natureza misteriosa.

É interessante especular sobre estas considerações, dadas as potenciais ligações entre estes conhecimentos e a dinâmica real do universo e, neste caso, dos buracos negros. Talvez o universo seja mais misterioso do que pensámos até agora. Talvez a interação entre os buracos negros e Deus, através da atividade da oração, nos possa dizer algo sobre a nossa própria cognição e sobre a forma como interagimos com Deus e com o universo, de formas ainda desconhecidas mas não muito distantes do alcance científico.

Se formos mais longe do que as considerações anteriores, podemos especular sobre a possibilidade de o nosso sistema cognitivo, o cérebro humano ou mesmo o sistema mente/cérebro, ter "buracos negros" no seu interior. Estes sistemas misteriosos e até agora pouco conhecidos, podem ser iguais ou quase iguais aos seus potenciais equivalentes no espaço exterior.

2.2 Aspectos linguísticos

Iniciamos aqui a segunda secção de discussão do artigo, intitulada "Aspectos linguísticos dos buracos negros". O título desta secção foi um passo razoável, uma vez que as considerações linguísticas são uma das dimensões em que a potencial linguagem dos buracos negros é explorada.

Nesta secção, centrar-nos-emos basicamente na linguagem potencial dos buracos negros, fundamentalmente a partir dos progressos que fizemos na secção 2.1, e nos métodos de análise que daí podem ser derivados. Podemos dizer que a linguagem dos buracos negros é potencial, uma vez que a consciência da sua provável existência se baseia em conhecimentos que não os dados empíricos ou outras medições no domínio da astrofísica e da astronomia, digamos assim.

Nesse sentido, os aspectos linguísticos dos buracos negros são uma das dimensões em que a potencial linguagem dos buracos negros vai ser explorada. As outras duas são as considerações conceptuais e a aplicação de um algoritmo. A primeira foi explorada no capítulo anterior e a segunda será explorada no próximo.

De certa forma, todas estas dimensões têm caraterísticas das outras duas. A secção de considerações conceptuais tem algo de aspectos linguísticos e provavelmente algum processamento algorítmico subjacente a tudo. A secção de considerações linguísticas é de natureza concetual e pode também conter alguns fundamentos relacionados com algoritmos. Por fim, a secção de considerações algorítmicas utiliza as considerações linguísticas e conceptuais das secções anteriores para derivar as suas próprias ideias. Além disso, esta secção final tem também algumas considerações linguísticas e conceptuais.

Começamos esta secção dando continuidade ao ponto referido no parágrafo anterior, no final da secção anterior, nomeadamente que o nosso sistema cognitivo pode ter algum tipo de relação com o funcionamento e a estrutura dos buracos negros, tanto a nível físico como metafísico. No entanto, este é apenas um ponto de ligação no esquema geral das coisas, uma vez que o tema deste artigo e a análise deste capítulo é a potencial linguagem dos buracos negros de diferentes ângulos, e não os potenciais "buracos negros" que o nosso sistema cognitivo pode ter.

Aqui afirmamos que a nossa mente/cérebro ou sistema cognitivo, é suscetível de ter algumas caraterísticas em comum com os buracos negros, em termos de funcionamento e estrutura. Este funcionamento e estrutura parcialmente semelhantes entre ambos os sistemas, ocorre tanto a nível metafísico como físico, potencialmente falando. As caraterísticas que ambos os sistemas podem ter em comum ainda não foram identificadas mas, de qualquer modo, são apenas referenciais e não provam uma potencial semelhança entre a cognição humana e os buracos negros.

Como referimos, isto é apenas um ponto de ligação. O que realmente importa, no final, é a linguagem potencial dos buracos negros. Esta hipótese deve ser analisada através de 3 meios diferentes, nomeadamente a nível concetual, linguístico e algorítmico. As prováveis semelhanças entre o sistema cognitivo humano e os buracos negros não são a questão aqui, assim como a mente/cérebro que potencialmente contém algum tipo de "buraco negro" também não é a questão.

No entanto, continuamos a pensar que a ligação, no caso de o nosso sistema cognitivo ter algum tipo de sistema igual ou quase igual a um buraco negro, pode estar relacionada com a linguagem, embora não tenhamos a certeza de que forma isso acontece. Reflectimos que, se o ponto anterior for verdadeiro, é porque a dinâmica cognitiva reflecte a dinâmica dos buracos negros, muito distantes no espaço. Nesta altura, ainda estamos a estabelecer ligações entre a cognição humana e a potencial linguagem de um buraco negro. Continuamos a discussão terminando este ponto de ligação e prosseguindo com o tópico principal deste artigo e da análise.

Aqui afirmamos a ideia de que, no caso de a semelhança entre o nosso sistema cognitivo e os buracos negros ocorrer efetivamente da forma que estamos a descrever, essa ligação entre os dois tipos de sistemas pode ter um fundamento linguístico. No entanto, é preciso dizer que o modo como essa ligação se processa ainda não está definido, dada a natureza especial de ambos os sistemas, com base no conhecimento que temos atualmente.

Afinal, por muito misteriosos e desconhecidos que sejam (especialmente a nível metafísico) sistemas como a cognição humana e os buracos negros, podem ser a razão pela qual a potencial ligação entre ambos é tão difícil de decifrar. A cognição humana é, sem dúvida, um sistema limitado pelos seus próprios limites e a exploração de objectos de natureza astronómica utilizando ferramentas metafísicas pode, em alguns casos, fornecer dados imprecisos, especialmente se os próprios buracos negros forem explorados e vistos como tendo eles próprios uma componente metafísica.

Até agora, temos estado a estabelecer ligações entre o sistema cognitivo humano e os buracos negros. No entanto, o objetivo principal da nossa investigação é procurar a linguagem potencial dos buracos negros. Mencionamos que continuaremos esta ideia nos parágrafos seguintes.

Embora seja provável que   a questão da potencial relação
entre os buracos negros e a cognição humana venha a ser mais explorada,
não se enquadra exatamente no objetivo desta investigação, por muito
importante que seja. Como já referimos em várias ocasiões, o objetivo
desta investigação é obter informações sobre a potencial linguagem dos
buracos negros.   Outras questões são apenas pontos de ligação e
precisam de ser esclarecidas, especialmente devido a descobertas teóricas,
externas às nossas linhas de investigação, que podem ter surgido entre a
publicação do artigo original deste livro e este mesmo livro.

Tal como referimos no parágrafo anterior, começamos este parágrafo com a continuação da
questão de o nosso sistema cognitivo ter potenciais "buracos negros" no seu interior. Isto é afirmado
como um argumento para uma potencial dinâmica linguística no interior do buraco negro do nosso
sistema cognitivo. Neste caso, usamos esta especulação de ligação para nos concentrarmos no tema do
artigo em análise, que é a potencial linguagem dos buracos negros astronómicos.

Começamos este parágrafo por referir que o sistema cognitivo
humano pode ter um potencial sistema de "buraco negro" no seu interior,
nomeadamente dentro da própria mente/cérebro. O objetivo desta menção
é dar o passo inicial de um argumento, especificamente a dinâmica
relacionada com a linguagem no interior do potencial "buraco negro" da
cognição humana.
Os pontos anteriores são apenas uma entrada para o tópico principal desta
secção, que é explorar a linguagem potencial dos objectos astronómicos
em análise, neste caso os buracos negros. Para isso, vamos apresentar
uma amostra semelhante à apresentada na secção anterior.
No entanto, antes de entrar no assunto propriamente dito, é preciso
dizer que este tipo de amostras está dentro do quadro teórico que dá
origem à linha de investigação Oração/Dualidade "Oração" (Alvarez,
2018, 2019). Esta linha foi inicialmente concebida como um meio de
exploração de actividades cognitivas e misteriosas dentro da
mente/cérebro. No entanto, depois disso, ramificou-se ou derivou para
outras áreas, especialmente a medicina.

Nesta altura da discussão, precisamos de uma amostra semelhante a "os buracos negros rezam
inconscientemente" para iniciar as explorações metafísicas. No entanto, neste caso, precisamos que o
exemplo se centre na linguagem potencial dos buracos negros e não apenas nos buracos negros como
um todo. Podemos fazê-lo aplicando uma pequena modificação à frase original. Assim, a frase
resultante a ser explorada em termos metafísicos é "A linguagem potencial dos buracos negros reza
inconscientemente".

Aqui referimos que precisamos de uma amostra linguística para iniciar as explorações sobre o domínio metafísico em relação aos buracos negros, especificamente no que diz respeito à sua potencial linguagem. As condições à primeira vista que têm de ser alcançadas para que a amostra linguística seja apropriada, é que seja semelhante à amostra linguística anterior, "os buracos negros rezam inconscientemente". No entanto, há mais do que uma simples semelhança.

Com base nas intuições da investigação, a amostra a utilizar neste caso para efeitos da presente investigação é "a potencial linguagem dos buracos negros reza inconscientemente". Esta amostra está diretamente relacionada com o objetivo deste artigo, que é explorar as possibilidades de encontrar uma linguagem potencial dentro dos buracos negros.

Estas explorações metafísicas, embora de carácter especulativo, têm um valor intrínseco. Atualmente, parecem ser o melhor método para tentar encontrar um sistema que permita conhecer as propriedades metafísicas dos objectos astronómicos no espaço exterior, neste caso os buracos negros.

Se exprimirmos o sintagma nominal da frase inicial como "A potencial linguagem dos buracos negros", prestando especial atenção à palavra "potencial", deduzimos o seguinte: não podemos saber com certeza se um buraco negro tem uma linguagem através da qual possa comunicar, no sentido das línguas tal como as conhecemos.

Com base no exemplo de frase que mencionámos, que é "A linguagem potencial dos buracos negros reza inconscientemente", temos o sintagma nominal "A linguagem potencial dos buracos negros". E há algo de especial na palavra "potencial". Simplesmente, diz-nos que não podemos ter a certeza da existência de uma língua num buraco negro.

No entanto, é preciso dizer que a incerteza mencionada está especificamente relacionada com o facto de considerarmos a palavra "língua" no nosso preconceito de língua ou de línguas particulares. Neste caso, é muito provável que a expressão " linguagem potencial" se refira a algum tipo de linguagem particular. No entanto, não podemos dizer se uma linguagem como esta tem algumas semelhanças com a linguagem humana ou com línguas particulares, e é daí que vem a incerteza mencionada.

Se isto for verdade, então não há forma de saber se a comunicação dos buracos negros tem algum tipo de semelhança com a comunicação humana. Como não há uma forma certa de saber, a comparação anterior pode ser verdadeira, possivelmente. E isto diz-nos algo sobre a cognição humana e a "cognição" dos buracos negros: afinal, podem ter algo em comum, por exemplo, partilhar uma origem comum.

Para além destas considerações, há o facto de esta frase estar ligada e pertencer à língua inglesa, para não mencionar que o inglês é também a metalinguagem desta exploração teórica que inclui esta mesma análise. Estas últimas considerações podem parecer secundárias, mas são certamente dignas de menção.

No entanto, como há certamente algo a realizar a atividade de oração (inconscientemente, neste caso), isto obriga-nos a assumir que a linguagem de um buraco negro é "real", mas em termos que podem ser potenciais ou hipotéticos. Portanto, um buraco negro pode ter uma linguagem através da qual comunica com outros buracos negros ou outros objectos astronómicos.

Neste caso, afirmamos que há algo encarregado de rezar na amostra   linguística que temos estado a discutir. Na frase do exemplo que mencionámos, sabemos que o executante da oração é a linguagem potencial dos buracos negros. O executante que mencionamos, a linguagem potencial dos buracos negros, tem um sistema inconsciente dentro de si, que por sua vez ou por isso executa a atividade da oração.

Temos de ter em conta que esta frase (A linguagem potencial dos buracos negros reza inconscientemente) é de natureza metafórica e não deve ser interpretada como uma explicação da fenomenologia específica da linguagem num buraco negro, embora possa fornecer conhecimentos profundos, especialmente as derivações que emergem da análise de tal frase.

No entanto, a linguagem dos buracos negros, neste caso, por mais potencial ou hipotética que seja, é "real". Uma linguagem desta natureza, ainda que potencial, pode permitir que os buracos negros interajam ou comuniquem com outros objectos astronómicos ou mesmo com os próprios buracos negros. Uma derivação desta ideia é a comunicação interna dentro de um buraco negro, embora este não seja o foco principal da nossa investigação.

Contudo, a própria natureza física e metafísica desta linguagem pode ser hipotética/potencial. Deste modo, o estado hipotético/potencial da linguagem de um buraco negro já não é um passo teoricamente provisório, mas a própria composição física e metafísica da linguagem de um buraco negro, e a sua existência pode deixar de ser potencial. Assim, assumimos que os buracos negros têm uma linguagem com as caraterísticas acima mencionadas. No entanto, é preciso dizer que se estes conhecimentos nos levam a alguma coisa, não é para concluir que os buracos negros têm algum tipo de consciência, ou algo remotamente semelhante à consciência tal como a entendemos.

Mencionamos aqui que o estado da linguagem dos buracos negros, em relação à sua natureza física e metafísica, é hipotético/potencial. Neste sentido, a "qualidade" ou caraterística de ser hipotético ou potencial, não é apenas um passo provisório para preencher buracos teóricos na análise. Como referimos, identificámos um estado, um fundamento da composição metafísica e física da língua sobre a qual nos debruçamos. Se esta linguagem hipotética/potencial especial dos buracos negros tem um estado com estas caraterísticas, uma derivação lógica é que este estado não é hipotético ou potencial (já) intuitivamente falando, mas real.

Um estado hipotético/potencial deste tipo, para a linguagem dos buracos negros, é então "hipotético" ou "potencial" num sentido astronómico ou físico, e não no sentido léxico-semântico. Um estado como este é, portanto, uma realidade astrofísica e metafísica da linguagem dos buracos negros, e não apenas uma hipótese. Embora pensemos intuitivamente que possam existir mecanismos lógicos ou mesmo empíricos para questionar esta ideia.

A partir destas considerações, chegamos à suposição de que os buracos negros têm, de facto, uma linguagem, através da qual podem comunicar com outros buracos negros ou objectos astronómicos, como já foi referido. No entanto, na nossa própria compreensão deste modelo teórico, prevemos que as conclusões não podem ser que os buracos negros tenham algo como, digamos, uma consciência de uma forma igual ou semelhante à consciência humana. A consciência humana é uma propriedade muito especial dos seres humanos, e não parece provável que os buracos negros ou os objectos do espaço exterior tenham essa propriedade em particular.

Estamos conscientes de que, com estas últimas considerações, reconhecemos que algumas conclusões podem ser previstas nesta linha de investigação. A razão para o fazer é que este modelo de trabalho teórico ou linha de investigação, tem alguns enquadramentos que restringem algumas das conclusões que podem eventualmente ser alcançadas. É claro que, nesta altura, as restrições deste tipo são filtradas através de um critério intuitivo. No entanto, pode ser material para investigação futura sobre esse aspeto específico e provavelmente nenhum outro.

Aqui reforçamos o ponto apresentado alguns parágrafos acima, começando por afirmar que a linguagem de um buraco negro é potencial. Depois disso, formamos a ideia de que a linguagem dos buracos negros existe no domínio da possibilidade, ou seja, da realidade potencial. Como dissemos, este ponto já tinha sido afirmado com algum grau de equivalência. No entanto, tínhamos inicialmente conceptualizado a capacidade de comunicação dos buracos negros como sendo de natureza hipotética/potencial. Neste caso, vamos um pouco mais longe, afirmando que a linguagem potencial de um buraco negro é real no domínio do potencial.

Inicialmente, considerámos que a linguagem dos buracos negros é potencial, ou seja, o conhecimento da sua existência é incerto mas provável. Quando a existência de um sistema, neste caso a linguagem dos buracos negros, é apenas uma possibilidade, só podemos fazer uma afirmação probabilística da sua existência. Adicionalmente, a construção teórica proposta em relação ao funcionamento deste tipo especial de linguagem, aponta inicialmente para algo a ser compreendido por deduções lógicas e teóricas, com base no conhecimento que já possuímos. Como mencionado, inicialmente consideramos a existência da linguagem dos buracos negros como mera possibilidade.

No entanto, depois de desenvolvermos mais as ideias, chegamos à possibilidade, mais provável neste caso, de a linguagem dos buracos negros existir no domínio da possibilidade, mas nesse caso a sua existência é real. Esta ideia parece estar mais alinhada com a realidade dos buracos negros do que a nossa aproximação inicial. Por outro lado, a capacidade de comunicação dos buracos negros também é hipotética/potencial. No entanto, uma ligeira melhoria desta ideia é que esta "faculdade linguística" pode existir dentro do reino da possibilidade, dentro de cada buraco negro que a detém.

Portanto, podemos concluir com segurança que a linguagem dos buracos negros é real e que existe no domínio das possibilidades. A progressão para esta conclusão é importante, uma vez que usamos dispositivos teóricos para ir mais longe no desenvolvimento de uma ideia, ao mesmo tempo que seguimos uma espécie de intuição científica, que, entre outras coisas, nos ajuda a descartar as possibilidades prováveis das não prováveis.

Estes dois pontos podem parecer a mesma coisa ou quase a mesma coisa. No entanto, a diferença é que o segundo ponto integra o sistema de comunicação especial do buraco negro num reino ou dimensão de possibilidade, enquanto o primeiro não o faz. Como referimos, neste segundo ponto o reino da realidade potencial a que nos referimos é identificado como algo que pode existir ou não, e a forma como o nomeamos pode ser o seu nome natural/correto/preciso ou não. Para terminar este ponto e secção, introduzimos a próxima parte do artigo em análise, que tem a ver com considerações algorítmicas sobre a linguagem potencial dos buracos negros, ou como ela pode ser.

Este parágrafo é o passo final antes de trabalhar nas considerações algorítmicas para encontrar a linguagem potencial dos buracos negros. Temos de prestar atenção à ideia de que a comunicação especial que os buracos negros podem ter com outros buracos negros ou com objectos no espaço exterior se insere no domínio da possibilidade ou, para ser mais preciso, numa dimensão de realidade potencial. Por muito contra-intuitiva que esta ideia possa ser, é a melhor opção que temos para dar uma explicação razoavelmente aproximada de um fenómeno tão misterioso e difícil de decifrar como aquele com que estamos a lidar, neste caso a linguagem potencial dos buracos negros que queremos encontrar.

Em todo o caso, estamos abertos à ideia de que noções como "reino da possibilidade" ou "dimensão da realidade potencial" podem ser as formas mais precisas de nomear estas dinâmicas que estamos a descobrir.

No entanto, também pode acontecer que existam melhores opções para as nomear ou mesmo categorizar de forma diferente no futuro.

Como já referimos, a próxima secção trata de considerações algorítmicas para encontrar a linguagem potencial dos buracos negros. Esta será a última das três secções em que esta investigação está dividida. Os outros aspectos foram analisados na maior parte do capítulo 1, e analisados em profundidade neste capítulo de meta-análise.

2.3 Considerações algorítmicas

Nesta secção, descrevemos a aplicação de um algoritmo para uma compreensão mais profunda da linguagem potencial dos buracos negros. A ideia deste algoritmo é a sua capacidade de gerar ideias sobre o próprio tema da linguagem potencial dos buracos negros. No entanto, o seu funcionamento é diferente de outros algoritmos que possamos conhecer ou que possamos pensar. Neste caso, o próprio conteúdo gerado pelo algoritmo baseia-se na dinâmica de escrita subjacente ao que se lê *sobre o* algoritmo aplicado ao tópico mencionado em particular, e a um conjunto alargado de tópicos em geral. Na altura em que o artigo em análise foi escrito e publicado, o algoritmo era designado por SWA ou Scientific Writing Automation (Alley, 2013; Alvarez, 2019; Brown, 2012; Chikuni & Khan, 2008; D'Alleva, 2005; MacArthur *et. al.*, 2008; Peat *et. al.*, 2013; Wingersky et. al., 2008).

Começamos aqui a secção das considerações algorítmicas, mencionando os primeiros pilares da explicação que queremos formular. Como o nome desta secção pode sugerir, vamos percorrer as considerações correspondentes através da descrição e explicação aprofundada de um algoritmo. Este algoritmo ajudar-nos-á a compreender e a aprofundar a exploração da linguagem potencial dos buracos negros.

As caraterísticas particulares do algoritmo que estamos a tratar são as seguintes: em primeiro lugar, este algoritmo depende daquilo a que chamámos "momento de escrita", ou seja, o momento em que a escrita tem lugar, funde-se com o momento em que a leitura tem lugar, e ambos os lados deste tipo especial de momento são específicos do artigo sobre o algoritmo que está a ser discutido e explicado.

Este algoritmo foi denominado Scientific Writing Automation (SWA) e baseia-se num artigo da minha autoria denominado *Scientific Writing Automation* (Alvarez, 2019). Nesse artigo, explico os fundamentos teóricos do algoritmo e as correspondentes considerações teóricas e algorítmicas subjacentes ao SWA, embora de forma indireta (Alley, 2013; Alvarez, 2019; Brown, 2012; Chikuni & Khan, 2008; D'Alleva, 2005; MacArthur *et. al.*, 2008; Peat *et. al.*, 2013; Wingersky et. al., 2008). Este algoritmo constitui a base teórica e algorítmica da presente secção.

Pouco a pouco, começamos a concentrar-nos no próprio algoritmo e na forma como este produz ideias relacionadas com a linguagem potencial de um buraco negro. O primeiro passo é centrarmo-nos no próprio algoritmo e depois observarmos como ele gera ideias sobre o tema em questão. No entanto, é preciso notar que o algoritmo já tinha começado a funcionar desde o início da secção que está a ser analisada. O resto são apenas derivações consecutivas do algoritmo que está a ser aplicado para gerar ideias sobre o tema. Por isso, é interessante ver que o algoritmo, já a funcionar, menciona estas considerações.

Neste ponto da secção, explicitamos a nossa intenção de avançar, passo a passo, no desenvolvimento das ideias relativas ao algoritmo de que estamos a tratar. Como já referimos, o funcionamento do algoritmo depende da dinâmica de escrita do processo de leitura/escrita do artigo.

Embora estas linhas não sejam sequer a análise mas a meta-análise do artigo em discussão, o algoritmo deixa algum tipo de vestígios que chegam à análise e à meta-análise também. Desta forma, confiamos, em certa medida, que a meta-análise que deriva do artigo e da sua análise será produtiva, útil e perspicaz.

De certa forma, poderíamos especular que cada parágrafo da análise que estamos a meta-analisar a partir de agora é um módulo ou sistema de SWA. Por muito promissora e interessante que seja uma ideia desse tipo, pensamos que é melhor continuar com um tipo de análise tradicional, e ver o que o algoritmo SWA nos "diz" para escrever em alguns pontos do processo de escrita   . O resto do parágrafo em análise é apenas um lembrete de que o algoritmo está a funcionar durante o momento de escrita, especificamente através do processo de escrita. Outras considerações são também   tidas em conta, por exemplo, o facto de muitas ideias geradas serem derivações do algoritmo e de o algoritmo ter, em certa medida, uma espécie de "voz" concetual.

Depois, o algoritmo, com uma observação (ou "observação") autorreferencial subjacente, diz que um algoritmo da natureza sugerida irá, por sua vez, sugerir um potencial algoritmo capaz de gerar a linguagem de um buraco negro. Depois, a pergunta produzida pelo algoritmo é como funciona este segundo algoritmo. Finalmente, a ideia é concluída para introduzir o parágrafo seguinte, com o objetivo de fornecer os aspectos específicos do que foi apresentado.

Aqui continuamos com a dinâmica em que o algoritmo tem uma espécie de "voz", como já dissemos, e é assim capaz de "dizer" alguma coisa. Mencionamos aqui que o próprio algoritmo faz uma observação (ou "observação"), que é sef-referencial. Aqui o algoritmo SWA refere-se a si próprio como o tipo de algoritmo capaz de sugerir outro algoritmo, neste caso potencial.

O segundo algoritmo que   estamos a mencionar neste caso, estaria encarregado de gerar a própria linguagem de um buraco negro. A ideia em si é ambiciosa, e analisaremos como o algoritmo procedeu para realizar a tarefa, além de continuar com a meta-análise própria desta parte do livro.

A menção ao algoritmo SWA produz a questão de saber como funciona o segundo algoritmo que estamos a mencionar. Como já referimos, será interessante ver como os algoritmos funcionam e interagem para encontrar novos conhecimentos sobre a linguagem potencial dos buracos negros. Em todo o caso, algumas ideias gerais já foram explicadas no artigo original e na análise da primeira secção deste livro.

Por conseguinte, as meta-análises derivadas dessas fontes são apenas isso, derivações. No entanto, como se trata de um segundo nível de análise, não seria surpreendente encontrar novos conhecimentos ou, pelo menos, compreender mais profundamente alguns aspectos da questão.

Aqui começamos a ideia mencionando o algoritmo, potencial neste caso, encarregado de gerar a linguagem de um buraco negro. Como extensão da especulação, apresentamos a especulação de que este algoritmo pode gerar algum tipo de cognição como o sistema central de um buraco negro, ligado à sua capacidade (ou faculdade) linguística.

Iniciamos o parágrafo em análise referindo que, por sua vez, foi mencionado o potencial algoritmo responsável pela linguagem do buraco negro. Estas formas particulares de apresentar a informação podem ser traços do próprio algoritmo, que mencionámos. Mas, ao mesmo tempo, parece totalmente natural que um algoritmo queira que uma análise forneça primeiro uma informação de entrada clara e baseada em tópicos, para expandir completamente a explicação destas ideias com precisão e facilidade.

Neste caso, como já referimos, este segundo algoritmo está encarregue de gerar a linguagem de um buraco negro. Adicionalmente, este algoritmo pode estar encarregue de gerar algum tipo de "cognição" dentro de um buraco negro, como seu sistema central. Se existir, este sistema cognitivo central está ligado ao sistema linguístico do buraco negro, que poderia ser também uma faculdade linguística.

É importante ter em conta que este segundo algoritmo não é teórico, mas que está contido ou é detido por cada buraco negro do universo. Este é um ponto importante a ter em atenção, uma vez que o segundo algoritmo de que estamos a falar, não é apenas uma construção científica, mas que, se existe, faz parte do próprio buraco negro, e como tal tem uma composição física e potencialmente metafísica também.

No entanto, também afirmamos que este mecanismo não tem uma natureza racionalista e, portanto, pode não estar dentro do âmbito ou mesmo do alcance parcial de uma análise racional. Nesse sentido, pode também estar fora do domínio racional. É importante estabelecer a diferença entre a abordagem que adoptamos neste caso e, por exemplo, a abordagem chomskiana da linguística e do estudo e análise da língua.

À medida que avançamos na análise do segundo algoritmo, percebemos que, afinal, ele não tem uma natureza racional   ou racionalista e, portanto, uma análise racional pode não ser a resposta para obter insights sobre ele. Vamos explicar alguns aspectos relativos aos buracos negros e à sua relação com a racionalidade.

Em primeiro lugar, como já referimos, o mecanismo não tem um carácter racional. Esta afirmação tem a ver com a composição física/metafísica deste algoritmo, ou seja, o racionalismo é tomado como um aspeto potencial da composição dos buracos negros. Neste caso, esse aspeto potencial não existe nos buracos negros.

Em segundo lugar, não podemos obter informações sobre o mecanismo mencionado através de uma análise racional. Uma vez que a natureza deste segundo algoritmo não é racional ou racionalista, como mencionámos, descobrimos que não pode ser analisado através de um tipo de exploração racionalista. No entanto, esta restrição inicial é específica deste estudo, e pode não ter consequências para estudos futuros sobre o assunto. Acreditamos que uma abordagem empírica ou racionalista para explorar este mecanismo é perfeitamente possível em futuras investigações.

Em terceiro lugar, o mecanismo encarregado de gerar a linguagem potencial dos buracos negros pode estar fora do domínio racional. Assim, assumimos que existe uma dimensão/reino no espaço em que os objectos existem dentro de uma dimensão/reino do racionalismo. Neste caso, o mecanismo que estamos a discutir não pertence a esse domínio.

Depois destas considerações, é importante recordar o seguinte: mesmo que esta investigação se baseie parcialmente na linguística chomskiana, a abordagem é diferente. Podemos constatar que isso é verdade quando nos lembramos da nossa abordagem da linguagem, do racionalismo e dos mecanismos linguísticos. Não é necessária uma análise mais aprofundada sobre o assunto.

Nesta altura, apercebemo-nos de que todas estas ideias podem contribuir para a noção de que um potencial algoritmo de algum tipo pode gerar a linguagem humana. Esta consideração insere-se no domínio da linha de investigação da Dualidade Oração/"Oração". De certa forma, isto é apenas um parêntesis, uma vez que o que interessa para efeitos do artigo em análise e desta publicação são, entre outras coisas, os buracos negros e o potencial algoritmo que pode estar a produzir a sua linguagem e a sua capacidade de comunicar.

Aqui chegamos a um ponto da análise, em que nos apercebemos que o que temos vindo a discutir sobre a potencial linguagem dos buracos negros, de certa forma contribui para a ideia de que a linguagem humana pode ser gerada por um algoritmo, de tipo e natureza até agora desconhecidos. Desta forma, estas considerações incidem sobre o próprio domínio da Dualidade Oração/"Oração" e a sua correspondente linha de investigação.

No entanto, apontamos para essa possibilidade apenas para voltar ao objetivo principal do livro. Uma vez que o tema da investigação é a linguagem potencial dos buracos negros, podemos concentrar-nos nela a partir de agora. O foco específico destas linhas é, se bem nos lembramos, o potencial algoritmo encarregado de gerar a linguagem dos buracos negros e, portanto, a sua capacidade de comunicar com outros buracos negros e objectos espaciais.

Aqui o algoritmo continua a formular ideias sobre o tema em questão. Especificamente, o parágrafo começa por situar o algoritmo que produz a linguagem potencial de um buraco negro, no interior de uma dualidade oração/"oração" no interior do buraco negro, por sua vez. Uma dualidade oração/"oração" é, pelo menos na cognição humana, um sistema cognitivo encarregado da oração e de outras actividades metafísicas de natureza misteriosa.

Aqui continuamos com a análise da secção de considerações algorítmicas. Neste caso, salientamos que o algoritmo SWA continua o processo de formulação/geração de ideias sobre o tema que estamos a tratar, ou seja, a linguagem   potencial dos buracos negros.

Além disso, indicamos que o algoritmo potencial mencionado não formula ideias *sobre* a linguagem potencial dos buracos negros, mas que a própria linguagem destes objectos astronómicos pode ser produzida por este algoritmo.

Mencionamos também que este algoritmo gerador de linguagem, pode estar dentro de uma espécie do que chamámos de dualidade oração/"oração". Como referimos aqui, a Dualidade Oração/"Oração" é um sistema cognitivo no qual a oração tem lugar, entre outras operações.

Deste modo, e através de um paralelismo, estabelecemos um ponto comum entre a cognição humana e a "cognição" dos buracos negros, por assim dizer. Um sistema cognitivo encarregado de rezar só era pensado como potencialmente pertencente aos humanos. No entanto, através desta investigação, podemos ver que um sistema dessa natureza também pode pertencer aos buracos negros.

Esclarece-se que esta dualidade oração/"oração" não é um algoritmo em si, mas sim um mecanismo. Este mecanismo, detentor de uma dinâmica especial, pode permitir que os buracos negros "rezem" (ou apenas rezem), neste caso a um Agente Divino ou a uma Inteligência Suprema, embora isto seja especulação. Além disso, este sistema de dualidade oração/"reza" pode permitir que os buracos negros tenham processos de comunicação interna em cada um deles, comunicação interactiva com outros buracos negros (metafísica muito provavelmente e ao alcance do estudo linguístico), ou/e outros objectos ou áreas no espaço exterior, como uma galáxia, um planeta, etc., potencialmente falando.

Aqui apontamos um esclarecimento, que trata da natureza da dualidade oração/"oração" num buraco negro. Referimos que esta dualidade não é um algoritmo mas um mecanismo. Como tal, pode conter as caraterísticas internas que permitem a um buraco negro "rezar" ou orar. A quem ou a que poderão os buracos negros estar a rezar? Acreditamos que o destino de uma oração dessa natureza seria Deus ou um Ser Superior em geral. Na análise e no parágrafo que estamos a meta-analisar, designámos esse ser ou "coisa" especial por Agente Divino e também por Inteligência Suprema, embora reconheçamos que estes últimos pontos são em si especulativos, não sendo possível prová-los empiricamente.

Este sistema de dualidade oração/"oração" dentro dos buracos negros poderia, potencialmente falando, permitir-lhes ter processos de comunicação interna, ou seja, comunicação consigo próprios. Da mesma forma, este sistema de dualidade oração/"oração" pode permitir que os buracos negros se comuniquem também com outros buracos negros. Adicionalmente, este mecanismo especial de comunicação pode permitir que os buracos negros comuniquem/interajam com outros objectos no espaço exterior, por exemplo, planetas, entre outros.

A comunicação que ocorre neste caso tem de ser altamente abstrata, e certamente não computável em termos de uma linguagem humana de qualquer tipo. Muito provavelmente, se a investigação sobre este assunto continuar, encontraremos alguns padrões na sua comunicação, que poderão ser traduzidos nalgum tipo de código, para serem compreendidos, pelo menos parcialmente, pelos humanos.

Aqui alargamos a análise e tornamo-la mais específica no que diz respeito ao facto de a dualidade oração/"oração" dentro do buraco negro ser um mecanismo e não um algoritmo. Neste caso, o algoritmo da Automatização da Escrita Científica insiste na ideia de que este sistema de dualidade contém um sistema algorítmico no seu interior, encarregado de produzir a linguagem potencial do buraco negro em que o algoritmo está contido, como referimos anteriormente.

A análise aqui mencionada aponta para uma expressão algébrica do artigo original, nomeadamente [LA]BH, Algoritmo Linguístico de um buraco negro, que está potencialmente dentro da dualidade oração/"oração" no buraco negro. Podemos esclarecer duas ideias com base na análise acima. Primeiro, a dualidade oração/"oração" num buraco negro é um mecanismo, e não um algoritmo, de acordo com o algoritmo SWA. Em segundo lugar, o algoritmo SWA reafirma o sistema de dualidade oração/"oração" dentro dos buracos negros, tem um algoritmo, um sistema algorítmico como mencionado.

Este algoritmo não está encarregado de gerar ou produzir ideias sobre a linguagem potencial dos buracos negros, como faz o SWA. Pelo contrário, este algoritmo interno de um buraco negro está encarregado de gerar a própria linguagem utilizada por um buraco negro para comunicar, da forma que mencionámos anteriormente.

Assim, a ideia mantém-se e a melhor forma de abordar o puzzle é isolando o algoritmo e identificando-o como objeto de estudo, nomeadamente através da expressão algébrica [LA]BH (Algoritmo Linguístico de um Buraco Negro, em termos mais simples).

Como o algoritmo SWA, mantendo a ideia da dualidade oração/"oração" no interior dos buracos negros, tem por sua vez um algoritmo encarregue de produzir a linguagem no seu interior, a melhor forma de abordar esta dinâmica de investigação é através da seguinte expressão algébrica, [LA]BH. Como referimos anteriormente, esta expressão significa Algoritmo Linguístico de um Buraco Negro.

Pensamos que após este (tipo de) isolamento e identificação de variáveis, estamos em condições de trabalhar o tema da potencial linguagem dos buracos negros, com a especificidade necessária.

Começamos este último parágrafo da secção, esclarecendo o que significa cada parte da expressão algébrica apresentada (embora no parágrafo de análise anterior já o tenhamos feito como um todo). Em termos simples, LA significa algoritmo linguístico e BH significa buraco negro. Como referimos, estamos numa fase da discussão em que podemos aplicar o algoritmo Scientific Writing Automation ao algoritmo [LA]BH, para ver que ideias o primeiro algoritmo pode gerar sobre o segundo. Tudo isto com o objetivo de aprofundar o conhecimento e a compreensão do algoritmo linguístico contido num buraco negro.

Mencionamos aqui os componentes da expressão [LA]BH, que, grosso modo, é o Algoritmo Linguístico de um Buraco Negro, se é que uma lembrança pode ser útil aqui. A fase seguinte do artigo original e da sua análise correspondente consiste em aplicar o algoritmo SWA ao algoritmo [LA]BH. O objetivo deste passo é obter informações profundas sobre o algoritmo contido num buraco negro, com a maior precisão possível. Como já referimos, o algoritmo contido num buraco negro é linguístico e é potencialmente responsável pela geração da linguagem que cada buraco negro pode estar a utilizar para comunicar.

2.3.1 Automatização da escrita científica aplicada ao [LA]BH

Começamos aqui a secção sobre o SWA aplicado ao [LA]BH, com a afirmação lógica de que o primeiro será ou está a ser aplicado ao segundo para ver que ideias podem ser geradas, ou seja, um algoritmo gera ideias sobre outro.

Como referimos, iniciámos a análise do SWA aplicado ao [LA]BH, afirmando que um algoritmo seria aplicado a outro, ou seja, o algoritmo de Automação da Escrita Científica seria aplicado ao (Algoritmo Linguístico de um Buraco Negro).

É de notar que, enquanto o primeiro algoritmo desta publicação tem a função de gerar ideias *sobre a* linguagem potencial dos buracos negros, o segundo algoritmo tem a função de gerar potencialmente *a* linguagem dentro dos buracos negros. Mencionámos este facto em secções anteriores da análise e da meta-análise mas, neste caso, é especialmente relevante.

Aqui afirmamos mais uma vez que o algoritmo (linguístico, neste caso) de que estamos a tratar está contido no sistema de dualidade oração/"oração", por sua vez dentro de um buraco negro. O passo seguinte é representar o sistema de dualidade oração/"oração" em termos algébricos, tal como fizemos com o algoritmo linguístico de um buraco negro. Fizemo-lo com o objetivo de isolar este sistema e de o identificar como objeto de estudo, para melhor o analisar, tal como o algoritmo linguístico de um buraco negro representado por [LA]BH.

Ao longo do artigo original, da sua análise e meta-análise correspondentes, desenvolvemos a ideia e chegámos à conclusão de que os buracos negros são susceptíveis de conter um sistema encarregado da comunicação metafísica, a que chamámos dualidade oração/"oração".

Por sua vez, esse sistema de dualidade é suscetível de ter um algoritmo com uma função específica: gerar a linguagem potencial do seu buraco negro correspondente. Esta linguagem é a fonte primária da comunicação entre um buraco negro e outro, ou outros objectos astronómicos no espaço exterior.

O objetivo seguinte é encontrar a expressão algébrica correta da dualidade oração/"oração", neste caso, para a isolar e analisar mais eficazmente. Lembremo-nos que já demos este passo com o algoritmo linguístico dentro de um buraco negro, mas agora estamos a chegar a um aspeto mais geral na nossa busca atual. A expressão algébrica para esta questão é $d_{p/"p"}$.

Aqui fazemos uma observação importante, como referimos, para lembrar que o SWA está sempre presente na leitura/escrita do artigo em análise, que está sempre sob a alçada do algoritmo. A pertinência da observação assenta na capacidade de o algoritmo produzir informação fora da caixa e, por isso, altamente relevante e nova.

Este parágrafo é útil na medida em que fornece uma visão interessante sobre o algoritmo SWA, Scientific Writing Automation. Diz que o algoritmo mencionado está sempre presente. No entanto, esta ideia de "sempre lá" deve ser dividida em duas partes, nomeadamente a leitura e a escrita.

Quando dizemos que o algoritmo SWA está sempre presente no processo/produto de leitura como um gerador de ideias, queremos dizer que enquanto o artigo é lido ou tomado como produto final, o algoritmo mencionado está a gerar ou gerou as ideias do artigo.

O que foi mencionado é um pouco diferente do momento de escrita que vamos analisar agora, no qual o algoritmo SWA tem um papel importante. Aqui queremos dizer que o processo de escrita é gerado, pelo menos a maior parte dele, pelo algoritmo SWA. É preciso dizer que ambos os aspectos, leitura e escrita, ocorrem obviamente em momentos diferentes. O contraste temporal entre estes dois aspectos é em si mesmo intrigante, uma vez que, no fundo, fazem parte do mesmo fenómeno do algoritmo SWA.

Uma das caraterísticas deste algoritmo é a sua capacidade de "inovar" no que diz respeito às ideias que propõe, e o seu pensamento (ou "pensamento") inovador, por assim dizer. Isto faz deste sistema generativo um sistema especial quando se trata de avaliar a sua natureza, que é, de certa forma, semelhante à humana.

Mencionamos também que até agora nos concentramos na representação linguística do algoritmo [LA]BH, ou seja, na representação/expressão algébrica do mesmo e não necessariamente numa representação de tipo mais abstrato. O objetivo de mencionar este foco inicial é concentrarmo-nos agora no funcionamento do [LA]BH, especificamente no seu mecanismo interno.

Especificamos aqui que o algoritmo [LA]BH tem esse nome, neste caso, em termos de álgebra. Deste modo, [LA]BH significa de facto Algoritmo Linguístico de um Buraco Negro, como referimos no decurso da análise e meta-análise deste livro.

Embora o modo algébrico de exprimir um mecanismo, neste caso um algoritmo, seja em si mesmo importante, é crucial concentrarmo-nos no seu funcionamento. Assim, a partir de agora, vamos concentrar-nos no modo como o mecanismo do [LA]BH, internamente falando, funciona e funciona.

É importante lembrar que esta secção é dedicada ao SWA que gera ideias sobre o [LA]BH. Portanto, tudo o que acontece nesse âmbito depende do algoritmo de SWA e provavelmente nada ou pouco mais do que isso.

Referimos ainda que o algoritmo SWA não permitiu que se prestasse atenção à questão anteriormente referida, no processo de leitura/escrita do artigo em análise. No entanto, é evidente que SWA permitiu, pelo menos, mencioná-la. Portanto, depois de SWA permitir isso, podemos dizer que estamos a propor um modelo que representa o mecanismo interno do algoritmo [LA]BH num buraco negro. Observamos também que não existem ideias alternativas a esta e, por isso, será prático assumir que o modelo a apresentar é verdadeiro.

Aqui fazemos a observação sobre o algoritmo SWA, que tem a faculdade, por assim dizer, de permitir ou não permitir alguns passos específicos no processo de leitura/escrita da análise, por mais lógicos ou óbvios que estes passos possam parecer à primeira vista. Portanto, agora que o algoritmo SWA permitiu a análise específica do próximo passo, podemos prosseguir.

Assim, como o SWA permite o próximo passo específico, podemos agora mencionar que a próxima secção vai tratar do algoritmo [LA]BH em buracos negros, especificamente do seu mecanismo interno. Como não podemos lidar com a "realidade" deste mecanismo, precisamos de usar um modelo para representar este mecanismo interno. Pelo menos, é esta a "intenção" do algoritmo SWA, mas é claro que o que realmente vai acontecer a seguir dependerá das decisões em curso do SWA, mantendo sempre a coesão que um artigo científico exige.

Dado que não há alternativas prováveis a considerar a partir de agora, assumiremos que o modelo de representação será verdadeiro. Este pressuposto é natural e perfeitamente possível neste tipo de investigação.

Propomos aqui o modelo/mecanismo envolvido no funcionamento do algoritmo [LA]BH. Situamos este algoritmo num tipo especial de dualidade oração/"oração", diferente daquela presente no sistema cognitivo dos seres humanos, e mais adequada ao funcionamento e estrutura de um buraco negro.

Para começar a análise que será apresentada a partir de agora, nós (ou o algoritmo SWA) afirmamos que o algoritmo [LA]BH está localizado na dualidade oração/"oração" de cada buraco negro. Este tipo especial de mecanismo, neste caso uma dualidade, estaria encarregado de realizar a atividade de oração (ou "prece"), juntamente com outras actividades comunicativas de natureza misteriosa, sejam elas com outros buracos negros, outros objectos no espaço exterior, ou um Ser Superior que, neste caso, pode ser Deus.

Neste caso, o sistema de dualidade oração/"oração" de que estamos a falar, não deve funcionar da mesma forma que a Dualidade Oração/"Oração" da cognição humana. Embora este sistema especial dentro de um buraco negro possa partilhar algumas semelhanças com a dualidade cognitiva humana acima mencionada, acreditamos que a sua estrutura, funcionamento e provavelmente a sua natureza, pelo menos parcialmente, podem ser melhor compreendidos no quadro do nosso conhecimento atual do que os buracos negros são e podem fazer.

Propomos que esta dualidade oração/"oração" do buraco negro gere o algoritmo [LA]BH. Por sua vez, este algoritmo produz a linguagem que um buraco negro pode gerar para conseguir uma comunicação metafísica. Este mecanismo determina, potencialmente, a capacidade de os buracos negros comunicarem com a linguagem e, potencialmente, de possuírem uma faculdade linguística de um tipo especial.

Resumimos aqui, de certa forma, os principais aspectos do potencial artefacto de comunicação dentro dos buracos negros. Basicamente, como mencionamos, a dualidade oração/"oração" de cada buraco negro é responsável pela geração do algoritmo [LA]BH (Algoritmo Linguístico de um Buraco Negro). Deste modo, o algoritmo [LA]BH é um subconjunto da dualidade oração/"oração" do buraco negro.

Do mesmo modo, o algoritmo [LA]BH está encarregado de gerar ou produzir a linguagem que um buraco negro utilizará para comunicar com outros buracos negros ou objectos astronómicos. É preciso notar que a comunicação que se efectua neste caso tem um carácter metafísico.

Deste modo, este mecanismo determina ou mostra que a comunicação que os buracos negros são potencialmente capazes de efetuar se baseia na linguagem, uma linguagem potencialmente única para os buracos negros, com as suas próprias complexidades e caraterísticas. Além disso, todo este mecanismo/sistema pode ser considerado como uma faculdade linguística (ou "faculdade linguística") dentro dos buracos negros.

Mencionamos também que a gramática do algoritmo [LA]BH pode ser também um tema de investigação interessante. No entanto, dado o estado inicial desta linha de investigação, não é possível dizer mais nada sobre esse assunto específico, uma vez que, se o tentássemos, não haveria qualquer base teórica para apoiar as ideias.

Aqui mencionamos que o algoritmo [LA]BH pode ser estudado mais profundamente através da análise da sua gramática ou da formulação de formas de obter informações sobre o seu sistema gramatical, caso exista. Afinal, o que o algoritmo SWA tem tentado até agora é obter o maior número possível de informações sobre a linguagem potencial dos buracos negros. Infelizmente, neste caso, o estado atual da teoria não permite ir mais longe sobre a gramática, potencial neste caso, de [LA]BH.

Em geral, no momento em que escrevemos o artigo em que esta análise se baseia, não conseguimos encontrar formas de progredir na obtenção de mais informações. Da mesma forma, parece que o algoritmo SWA pensa o mesmo.

4 Conclusão

Concluímos aqui a secção de discussão do artigo em análise e, por conseguinte, o próprio capítulo. Como referimos, explorámos a linguagem potencial de um buraco negro através de três perspectivas complementares, nomeadamente considerações conceptuais, linguísticas e algorítmicas. Na discussão em análise, foi possível chegar a algumas ideias e insights especiais, relativamente ao mecanismo dentro de um buraco negro envolvendo um tipo especial de dualidade oração/"oração" e um algoritmo linguístico, permitindo-lhe comunicar com outros buracos negros e objetos astronómicos, metafisicamente e provavelmente também de uma forma parcialmente física. A questão de um algoritmo linguístico de um buraco negro que contenha uma gramática é ainda um tópico que pode ser objeto de investigação futura.

Aqui juntámos os dois parágrafos da análise da conclusão do capítulo 1. De certa forma, esta meta-análise da conclusão do artigo original pode funcionar também como uma conclusão geral. Explorámos a possibilidade de os buracos negros possuírem uma linguagem através da qual podem comunicar. Esta exploração teve lugar através de considerações conceptuais, linguísticas e algorítmicas.

Chegámos a alguns conhecimentos profundos, em relação ao mecanismo interno que permite aos buracos negros comunicar. É provável que este sistema potencial dentro dos buracos negros seja uma dualidade oração/"oração" de algum tipo, permitindo que os buracos negros comuniquem com outros buracos negros ou objectos astronómicos. A gramática potencial dentro de um buraco negro pode ser um tópico interessante para investigação num futuro próximo.

Referências

A. D'Alleva, *Métodos e teorias da história da arte.* Londres: Lawrence King Publishing, p. 169, 2005.

B. Rubidge, Descartes's meditations and devotional meditations, *Journal of the History of Ideas,* vol. 51, n.º 1, pp. 27-49, 1990.

C. MacArthur, S. Graham e J. Fitzgerald, *Handbook of writing research.* New York: Gilford Publications, p. 351, 2008.

E. Chikuni e M. Khan, *Concise higher electrical engineering.* Cidade do Cabo: Juta and Company Ltd, p. 544, 2008.

J. Peat, E. Elliott, L. Baur, e V. Keena, *Scientific writing: easy when you know how.* Hoboken: John Wiley & Sons, p. 5, 2013.

J. Wingersky, J. Boerner e D. Holguin-Balogh, *Writing paragraphs and essays: integrating reading, writing, and grammar skills.* Boston: Cengage Learning, p. 3, 2008.

M. Alley, *The craft of scientific writing.* New York: Springer Science and Busi-ness Media, pp. 1-15, 2013.

M. Massoudi, "A escrita científica pode ser criativa?". *Journal of Science Education and Technology*, pp. 115-128, 2003.

N. Chomsky, *Syntactic Structures*. Berlim: De Gruyter, 1957.

N. Chomsky, *The Minimalist Program*. Cambridge: The MIT Press, 1995.

R. Alvarez, "From Chomsky on: an Analysis of Skinner and Chomsky Intersections", *International Journal of Scientific&Engineering Research,* vol. 9, n.º 9, p. 42, Set. 2018 (a).

R. Alvarez, "Linguistic and cognitive depth beyond the surface," *International Journal of Scientific &Engineering Research,* vol. 9, no. 10,p. 386, Oct. 2018 (b).

R. Alvarez, "Scientific Writing Automation", *International Journal of Scientific &Engineering Research,* vol. 10, n.º 7, pp. 1094-1095, julho de 2019.

R. Alvarez, "Automação da escrita científica aplicada à dualidade oração/"oração"," *International Journal of Scientific &Engineering Research,* vol. 11, no. 12, pp. 365-366, dezembro de 2020.

R. Alvarez, "Black holes hypothetical language: concetual, linguistic and algorithmic considerations," *International Journal of Scientific &Engineering Research,* vol. 12, no. 7,pp. 303-305, julho de 2021.

T. Brown, *Mathematics education and language: interpreting hermeneutics and post-structuralism,* Nova Iorque: Springer Science and Business Media, p. 217, 2012.

I want morebooks!

Buy your books fast and straightforward online - at one of world's fastest growing online book stores! Environmentally sound due to Print-on-Demand technologies.

Buy your books online at
www.morebooks.shop

Compre os seus livros mais rápido e diretamente na internet, em uma das livrarias on-line com o maior crescimento no mundo! Produção que protege o meio ambiente através das tecnologias de impressão sob demanda.

Compre os seus livros on-line em
www.morebooks.shop

Printed by Books on Demand GmbH, Norderstedt / Germany